不可思议的万物变化

季节更替

[澳] 萨莉·摩根 著
[荷] 凯·科恩 绘
吕红丽 译

中国农业出版社
农村设备出版社
北 京

图书在版编目（CIP）数据

不可思议的万物变化.季节更替 /（澳）萨莉·摩根著；（荷）凯·科恩绘；吕红丽译.—北京：中国农业出版社，2023.4
ISBN 978-7-109-30385-0

Ⅰ.①不… Ⅱ.①萨…②凯…③吕… Ⅲ.①自然科学－儿童读物②季节－儿童读物 Ⅳ.①N49②P193-49

中国国家版本馆CIP数据核字(2023)第028812号

中国农业出版社出版
地址：北京市朝阳区麦子店街18号楼
邮编：100125
策划编辑：宁雪莲 陈 灿
责任编辑：刁乾超 文字编辑：吴沁茹
版式设计：李 爽 责任校对：吴丽婷 责任印制：王 宏
印刷：北京缤索印刷有限公司
版次：2023年4月第1版
印次：2023年4月北京第1次印刷
发行：新华书店北京发行所
开本：889mm × 1194mm 1/12
印张：$2\frac{2}{3}$
字数：45千字
总定价：168.00元（全6册）

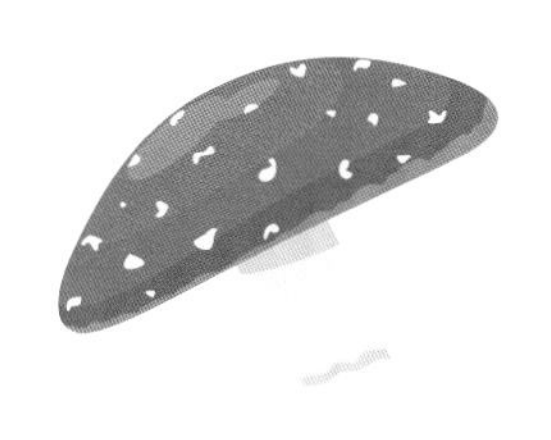

目 录

气候与天气

一年通常可划分为几个季节。季节是一年里气候有明显差异的几个时间段。每个季节都有特定的气候特点。

天气

天气和气候的概念不同。天气通常是描述短时间内气温、降水和风等要素的情况。天气总是不断变化的，前一分钟的天气可能还是风和日丽，下一分钟就有可能乌云密布，刮风下雨。

夏季

春季

根据欧洲的气候状况，欧洲大部分地区都有4个季节——春季、夏季、秋季和冬季。

气候

气候是指某一个地区多年的天气特征。一个地方有什么样的气候取决于诸多因素，如该地与赤道之间的距离、是否有山脉或是否靠近海洋。例如，北美洲中部的气候与北美洲临太平洋地区的气候就截然不同。

秋季

冬季

问　气候总是一成不变吗？

答　不是，时间长了，气候也会发生变化。例如，1000 多年前的北欧就比现在温暖得多。维京人发现格陵兰岛时，那里还有绿色的田野和森林，而现在格陵兰岛的气候相比之前要寒冷得多，很多地方终年被冰雪覆盖。

现在冰天雪地的格陵兰岛曾经被绿色的田野和森林所覆盖。

季节变化

世界上不同纬度地区，季节变化情况是不同的。热带地区和极地地区全年的季节更替现象不明显，然而生活在温带地区的人们，却能够明显感受到四季的更替。

热带气候

热带位于赤道两侧，即南回归线和北回归线之间的地带，季节变化不明显，全年高温。有的热带地区全年气候炎热多雨，降水量较为均匀。有的热带地区有两个季节：干季和湿季。

兰花喜欢温暖湿润的环境，所以它们在热带气候下生长得很好。

温带气候

温带位于热带和极地之间，通常有4个季节——春季、夏季、秋季和冬季，每个季节的昼长、气温和降水情况都不相同。

极地气候

极地是南北两极极圈以内的地区。极地地区夏季的时候，会出现一天之内太阳都在地平线之上的现象，称为极昼。夏季，部分地区气温接近0℃。到了冬季，则会出现一天之内太阳都在地平线之下的现象，称为极夜。冬季，温度始终在0℃以下。

南极属于极地气候，即使夏天也是冰天雪地。

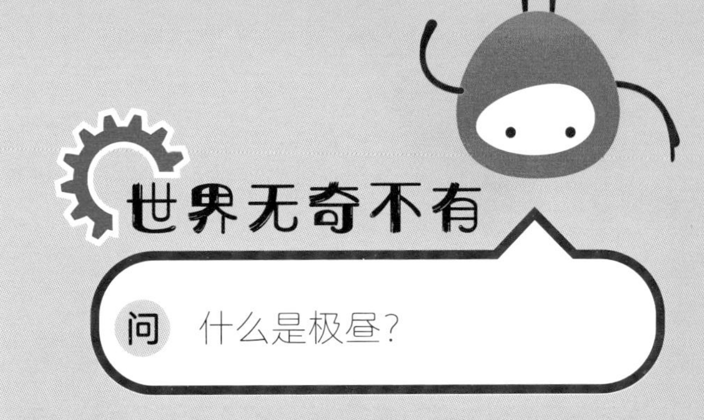

世界无奇不有

问 什么是极昼?

答 极地地区的夏天会出现极昼现象。极昼时的太阳一整天都不会落到地平线以下，一天24小时都是白天，即使到了午夜也如白天一般明亮。

极昼

地球的运动

地球绕太阳公转，形成了地球上的四季。

季节的形成

地球绕太阳公转一周需要一年的时间。地球环绕太阳公转时，地轴（地球的自转轴）并不是垂直于公转轨道面，而是有一个66.5°的倾角。这样，一年中地球有半年的时间是北半球倾向太阳，而另外半年的时间，则是南半球倾向太阳。地球公转时，太阳光直射地球的位置会随时间的变化而发生南北的移动，正是这种移动形成了地球上的不同季节。

夏季与冬季的变换

当北半球倾向太阳时，北半球处于夏季；当南半球倾向太阳时，北半球处于冬季，南半球的情况正好与北半球的相反。所以，当北半球是夏季时，南半球就是冬季。

地球绕地轴自转。地轴其实是一条假想轴，通过地心连接南北两极。从这张图中可以看出地轴的倾斜情况，在一年中的不同时间里，地球倾向太阳的位置是不同的。

昼夜交替

地球绕太阳公转时，也在自西向东绕地轴自转。如果以太阳为参照物，自转一周需要24个小时，也就是一天。地球自转时，面向太阳的半球能够照射到阳光，而背向太阳的半球则处于黑夜之中。地球不停地自转，因此形成了白昼和黑夜之间的交替。

全球可划分为多个时区。例如，澳大利亚是白天的时候，许多欧洲国家还是夜晚。

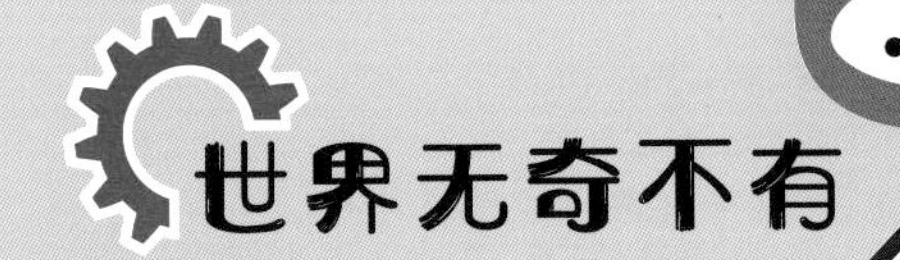

世界无奇不有

问 地球自转的速度在不断减慢吗？

答 是的，地球的自转速度在不断减慢。科学家发现，大约4亿年前，一个昼夜约为21.6小时，此后，地球自转周期每100年大约变长1～2毫秒。

冷与热

地球的运动也会引起正午太阳高度角的变化。太阳高度角是太阳光线与地平面的交角，一天之中太阳高度角最大值出现在正午。正午太阳高度角的差异和变化会使得不同地区太阳辐射的强度不一样。

在赤道，太阳光在到达地面之前穿过大气层的路径短，损失少，因而光照强，到达地面的热量也就多。而在两极地区，太阳光在大气层中经历的路径较长，因此到达地面的热量也就少。

热带地区气候炎热

热带地区的正午太阳高度角终年较大，能得到强烈的阳光照射，地面气温高。有些热带地区雨水充足，而有些热带地区却雨水稀少，例如沙漠。海洋也能吸收太阳热量，形成洋流，促使海水沿一定方向流动。

骆驼已经适应了沙漠的高温，可以在不喝水的情况下生存数周。

极地地区气候寒冷

在极地地区，即使是夏天，正午太阳高度角也很小。极地地区太阳光穿过大气层（围绕地球的整个空气层）的路径较长，斜射到地面的程度也较大。太阳斜射，阳光覆盖的面积更大，这样一来，地面单位面积所能接收的热量就更少。此外，白色的冰雪也会反射掉大量阳光。由于这些原因，极地地区即使在夏天也十分寒冷。

很多企鹅生活在南极地区，那里的冬天漫长、黑暗又寒冷。

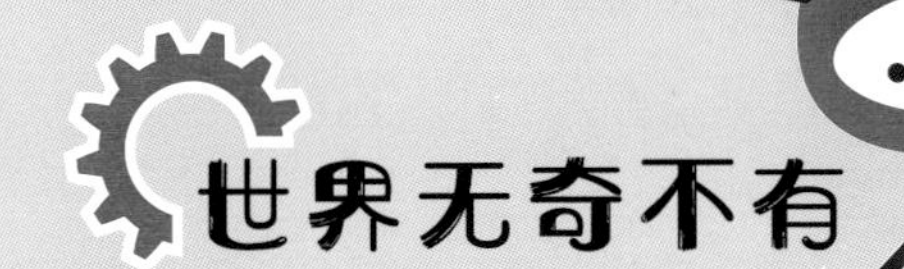

世界无奇不有

问 墨西哥湾暖流是什么？

答 墨西哥湾暖流是北大西洋西部一股强盛的暖流，从佛罗里达海峡流出，穿过大西洋流向挪威，这股暖流使欧洲西北部大部分地区（包括英国）形成了温和的气候。

位于英国康沃尔郡西南海岸的锡利群岛受到墨西哥湾暖流的影响，冬季温暖湿润。

昼夜长短的变化

地球的运动还会引起昼夜长短的变化。赤道上全年白昼和黑夜的时间相等，各为12个小时。然而，其他纬度地区在一年中昼夜长短会有所变化。

温带地区昼夜长短变化

在温带地区，昼夜长短会随着季节的变化而变化。春季，白昼变长，黑夜变短。夏季是一年内白昼最长，黑夜最短的时期。随着秋季的来临，白昼变短，黑夜变长。而白昼最短，黑夜最长的时候则出现在冬季。

地球自西向东自转，所以太阳从东方升起，从西方落下。下图中的3条蓝色虚线表示北温带在不同时期的正午太阳高度。夏季是一年内正午太阳高度角最大的季节，冬季是一年内正午太阳高度角最小的季节。

春分日或秋分日时，在墨西哥的这座寺庙里，日落的光线照在楼梯一侧，会形成一条像蛇一样的阴影，而这种景象在一年中的其他时期是看不到的。

极地地区气候寒冷

在极地地区，即使是夏天，正午太阳高度角也很小。极地地区太阳光穿过大气层（围绕地球的整个空气层）的路径较长，斜射到地面的程度也较大。太阳斜射，阳光覆盖的面积更大，这样一来，地面单位面积所能接收的热量就更少。此外，白色的冰雪也会反射掉大量阳光。由于这些原因，极地地区即使在夏天也十分寒冷。

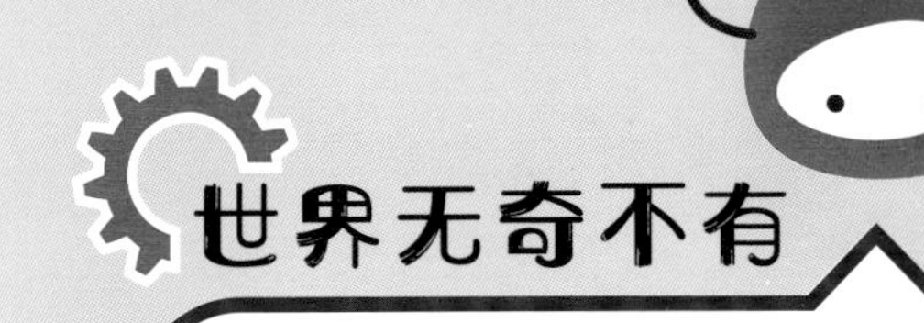

世界无奇不有

问 墨西哥湾暖流是什么？

答 墨西哥湾暖流是北大西洋西部一股强盛的暖流，从佛罗里达海峡流出，穿过大西洋流向挪威，这股暖流使欧洲西北部大部分地区（包括英国）形成了温和的气候。

很多企鹅生活在南极地区，那里的冬天漫长、黑暗又寒冷。

位于英国康沃尔郡西南海岸的锡利群岛受到墨西哥湾暖流的影响，冬季温暖湿润。

昼夜长短的变化

地球的运动还会引起昼夜长短的变化。赤道上全年白昼和黑夜的时间相等，各为12个小时。然而，其他纬度地区在一年中昼夜长短会有所变化。

地球自西向东自转，所以太阳从东方升起，从西方落下。下图中的3条蓝色虚线表示北温带在不同时期的正午太阳高度。夏季是一年内正午太阳高度角最大的季节，冬季是一年内正午太阳高度角最小的季节。

温带地区昼夜长短变化

在温带地区，昼夜长短会随着季节的变化而变化。春季，白昼变长，黑夜变短。夏季是一年内白昼最长，黑夜最短的时期。随着秋季的来临，白昼变短，黑夜变长。而白昼最短，黑夜最长的时候则出现在冬季。

春分日或秋分日时，在墨西哥的这座寺庙里，日落的光线照在楼梯一侧，会形成一条像蛇一样的阴影，而这种景象在一年中的其他时期是看不到的。

蛇形阴影

蛇头雕像

春分日和秋分日

春分日在3月21日前后，秋分日在9月23日前后。在这两天，太阳直射在赤道上，全球各地昼夜等长（书中的春分日和秋分日都以北半球为参考）。

世界无奇不有

问 你会用日晷判断时间吗？

答 日晷上有一根指针，指针的影子投射到一个平面上。这个平面上画着一些线条，标识一天中的时间。根据指针影子的位置就能判断出大概时间了。

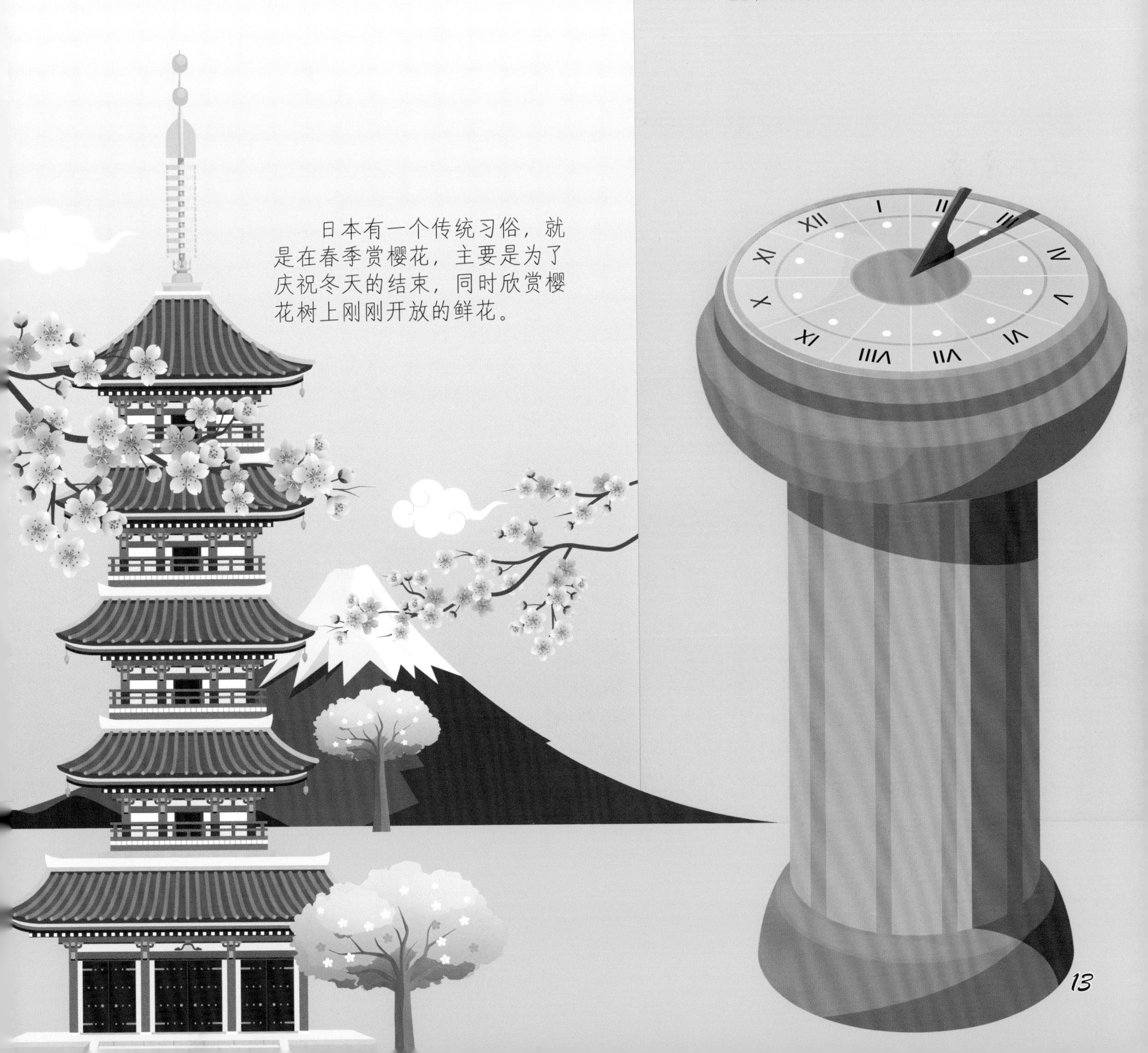

日本有一个传统习俗，就是在春季赏樱花，主要是为了庆祝冬天的结束，同时欣赏樱花树上刚刚开放的鲜花。

春季

温带地区的春季是万物变化的时节，正午太阳高度角逐渐增大，白昼时间变长，获得的太阳辐射能量更多，因此天气也越来越温暖。

生机盎然

许多动物为了躲避冬季的寒冷，选择在洞穴里或其他隐蔽的地方过冬。到了春季，动物纷纷从洞穴中出来，变得活跃起来。春季也是许多植物开始生长的时节，朵朵鲜花在温暖明媚的阳光中绽放，引来只只蝴蝶翩翩起舞。

果树通常在春季开花，比如这棵苹果树。

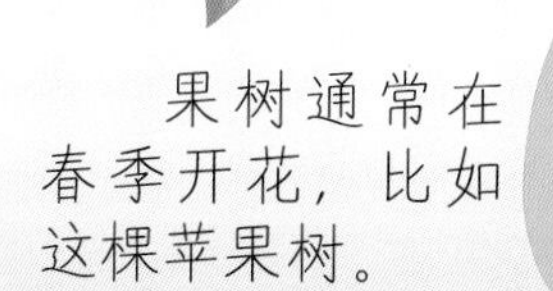

春季是一年中农耕的开始，农民在田间耕作，开垦土壤，以便播种庄稼。

孕育新生命

随着白昼时间越来越长，许多动物的行为会发生改变。白昼时间长，天气温暖，成为许多动物开始繁殖的诱因。春季是重要的繁殖季节，这意味着小动物能够在食物比较充足的夏季出生。例如，每到春天，青蛙就会回到池塘产卵，蝌蚪孵化出来后，以水中的微型动、植物为食。

世界无奇不有

问 你知道“黎明合唱团”指的是什么吗？

答 指的是清晨的鸟鸣声。许多鸟儿喜欢在春天鸣唱，因为这个季节是它们繁殖的季节。鸟儿常在黎明时分鸣唱，这种鸣唱一般在5月初达到高峰，雄鸟通过鸣唱吸引雌鸟，并警告其他雄鸟离开。

有些绵羊在春天生产小羊。这只母羊生了一对小羊。

一只雄性欧亚鸲希望用歌声吸引配偶。

夏季

温带地区的夏季，正午太阳高度角大，白昼时间长，获得的太阳辐射能量多，气温较高。

制造养分

夏季阳光充足，绿色植物能够获得足够的能量制造养分。绿色植物的叶子中有一种色素叫做叶绿素。绿色植物通过叶绿素捕获光能，利用光能，把从空气中吸收的二氧化碳和从根部运来的水转化成糖类和氧气，这个过程叫做光合作用。植物制造的糖类能够为其生长提供能量。

有了糖，植物的花朵中能够分泌出花蜜，吸引来昆虫（如蝴蝶）为花朵授粉。

食物充足

夏季食物充足，小动物生长速度很快。许多昆虫的幼虫（如毛虫）以植物嫩叶为食。昆虫常被鸟妈妈鸟爸爸们捉去喂养还在成长中的小鸟，猛禽、狐狸和獾等捕食者又以小鸟为食，这样就形成了一条食物链。

母狐狸用捕获的小动物喂养它的幼仔。

夏季雷暴

雷暴是伴有雷声、闪电和强阵雨的天气现象。一年中雷暴多出现在夏季。夏季时强烈的太阳光使地面温度变高，靠近地面的空气接收到足够的热量，发生膨胀，形成上升的暖气流。当气流上升到一定高度时，由于高空气温下降，空气中的水汽凝结形成水滴，并逐渐积聚成巨大的云体。强气流在云体内部翻滚，水滴高速碰撞使云体带上电荷，从而引起闪电。

世界无奇不有

问 你知道夏天的反气旋为什么会带来好天气吗？

答 当一个地区中心气压高，四周气压低时，气流会从地区中心向四周流出，形成反气旋。当反气旋中心的气流向外流散后，高层的空气就自上而下来补充，形成下沉气流。空气在下沉过程中，温度升高，水汽不容易凝结，所以反气旋控制的地区多为晴朗天气。

雷暴天气在炎热的夏季容易形成。

秋季

温带地区的秋季白昼变短，日落的时间一天比一天早。正午太阳高度角逐渐减小，获得的太阳辐射能量更少，气温下降。

叶落知秋

到了秋季，落叶树的叶子开始掉落，为度过寒冷的冬季做准备。叶子之所以会掉落，是因为到了秋季光照减少，叶子没有足够的阳光制造养分。其次，秋季气温降低，降水减少，树木无法从土壤中获取足够的水分。再者，叶子掉落后，树枝的重量变轻，就不易被降雪压断。来年春季，树木会再长出新叶。

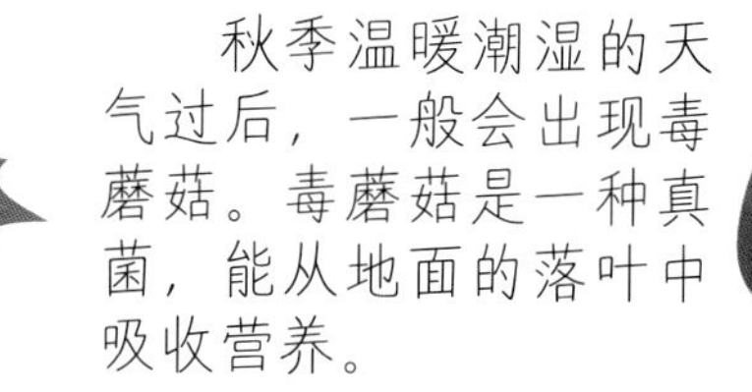

秋季温暖潮湿的天气过后，一般会出现毒蘑菇。毒蘑菇是一种真菌，能从地面的落叶中吸收营养。

到了秋季，农民忙着收割庄稼。

储备食物

动物们也要为冬季做准备。有些动物（如松鼠）会在秋季收集大量的坚果，储藏在安全的地方，为即将到来的冬季储备粮食。还有的动物通过大量进食增加皮下脂肪层的厚度，以度过漫长又寒冷的冬季。

许多松鼠会把橡子、松子、榛子等坚果藏起来，准备在食物匮乏的冬季食用。

世界无奇不有

问 为什么树叶到了秋季就会变色？

答 秋季到来后，树叶中可以再次使用的养分会重新分配到树木的其他部位，树叶中的叶绿素通常也会产生分解。树叶没有了叶色素之后，叶子中的绿色消失，其他色素的颜色便显露出来，例如胡萝卜素，呈橙黄色，所以会看到秋天有不同色彩的树叶。

冬季

冬季，正午太阳高度角小，白昼时间短，获得的太阳辐射能量少，气温较低。

霜和冰

霜一般在寒冷季节里晴朗、微风或无风的夜晚形成。这样的夜晚没有云，地面热量散发很快。当气温降到0℃以下，靠近地面空气中的水汽附着到地面或地面物体表面，形成冰晶，这就是霜。在极冷的天气里，湖泊、池塘，甚至河流上都会结冰。如果气温非常低，钢铁都有可能被冻裂。

霜是指夜间地面气温降到0℃以下时，空气中的水汽在地面或地面物体上形成的冰晶。

如果地面上覆盖着厚厚的积雪，许多动物都很难找到草吃。

降雪

在冬天，温带地区可能会下大雪，尤其是加拿大和俄罗斯西伯利亚部分地区。雪花是由云中许多冰晶聚合在一起形成的。

有的时候，雪花还没有落到地面就融化了。但如果天气足够冷，雪花就会飘舞着落在地上。

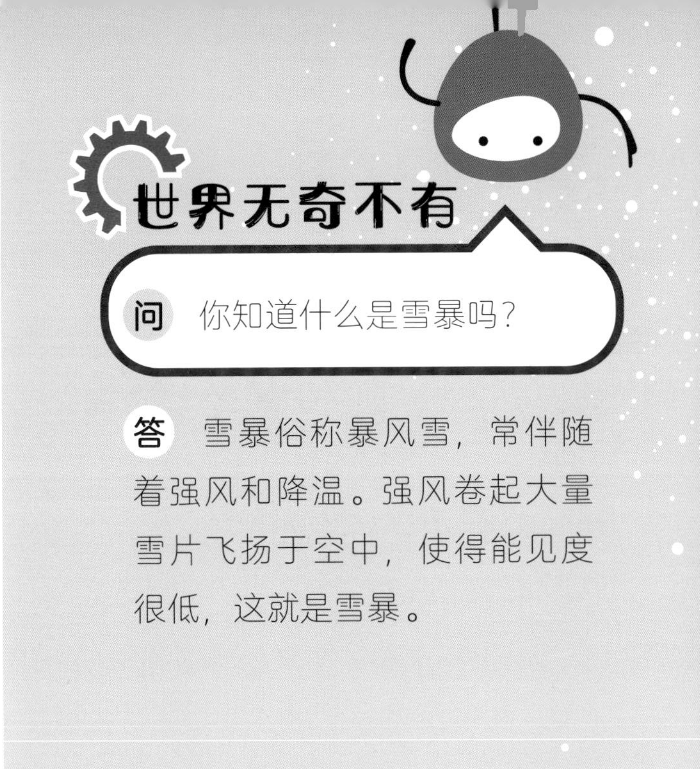

问 你知道什么是雪暴吗？

答 雪暴俗称暴风雪，常伴随着强风和降温。强风卷起大量雪片飞扬于空中，使得能见度很低，这就是雪暴。

不同的雪

雪有不同的类型。如粉状雪，是一种由小冰晶形成的干雪，这种雪通常是在非常寒冷的条件下形成的，深受滑雪者的喜欢；雪花从高空降落，如果遇到近地面稍高于0℃的气层，雪花没有全部融化便落到地面，就成了湿雪。

干季和湿季

热带地区没有明显的四季更替，但有的地区一年内有干季和湿季的变化。

热带草原

非洲中部广袤的热带草原全年气温较高，有明显的干湿季。年降水量主要集中在湿季，雨水对草原来说十分重要，青草需要雨水才能生长，进而为食草动物提供食物。干季开始后，草木凋落，一片枯黄，地面积水逐渐消失，河流慢慢干涸，水资源变少。

非洲大草原的上空积聚了大片乌云。

迁徙

东非大草原上生活着许多食草动物，如角马和斑马。每年这些动物都要经过长途跋涉或迁徙去寻找新鲜水草。消耗完一个地区的水草后，兽群便前往另一个有雨水和新鲜牧草的地区。

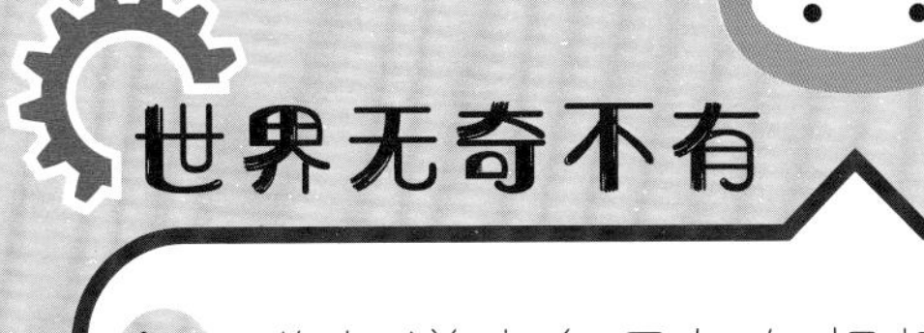

世界无奇不有

问 你知道大象是如何根据雷声寻找水源的吗？

答 打雷的隆隆声使地面产生震动，大象的脚很灵敏，能够察觉到这种震动。它们知道打雷的时候可能会下雨，所以只要朝雷声的方向走去就能找到水源。

每年角马迁徙时，走的都是相对固定的环行路线，总长约3000千米。

季风

热带季风气候主要分布在亚洲印度半岛和中南半岛的大部分地区，全年高温，降水不均匀，有季节性差异，旱、雨季分明。

季风

季风气候下，盛行风风向随季节的变化而改变。旱季的时候，印度大部分地区在干燥的东北风控制之下，降水较少；到了雨季，风向发生改变，主要受到西南风的影响。西南风将印度洋上空大量的暖湿空气吹至印度，带来大量降水。

季风雨期间，城市的日常生活照常进行。

降雨

季风雨虽然会引发洪水和滑坡，但是对人类生活却至关重要。印度雨季降水量约占到年降水量的80%。这些雨水补充了河水，能够满足人类饮用水、灌溉作物用水和发电用水的需求。如果没有雨水，河流干涸，就会影响水稻等作物的收成。

世界无奇不有

问 为什么说2008年印度的季风雨不同寻常？

答 通常情况下，季风雨在每年的6月27日到达印度首都新德里。而2008年，新德里从6月15日就开始下雨，比往年几乎提前了两周，打破了印度保持了108年的历史记录。

应对不利的外界环境

植物和动物有很多生存技能以应对不利的外界环境，比如应对冬天的寒冷和夏天的干热。

沙漠求生

沙漠缺水，因此这里的动物必须想办法寻找水和储存水，才能坚持到下一场雨水的到来。澳大利亚有一种蛙类能在沙漠中生存，沙漠中的水坑干涸后，这种蛙会在沙子中挖个洞钻进去，等到下雨时再出来。天气炎热时，沙漠中的一些蜥蜴会躲在洞穴里或沙子下面，夜晚再出来觅食。

仙人掌在沙漠中可以生长，如这种柱状的仙人掌。仙人掌的茎厚大，具有强大的储水能力。

这种沙漠植物的根系很长，能够吸收水分并将植物固定在沙子中。

飞鸟迁徙

冬季，许多鸟类都会迁徙到温暖的地方以躲避寒冷的天气。例如，有些小天鹅会从俄罗斯飞到英国过冬，而很多燕子则从欧洲飞到非洲过冬。

冬眠

许多小型哺乳动物每天需要吃大量食物保持身体温暖，如刺猬和睡鼠。冬天食物短缺，它们就在温暖干燥的地方冬眠；春天气温回升后，这些动物便出来觅食。有些哺乳动物并不是整个冬天都在冬眠，比如棕熊，在这期间偶尔会出来活动。

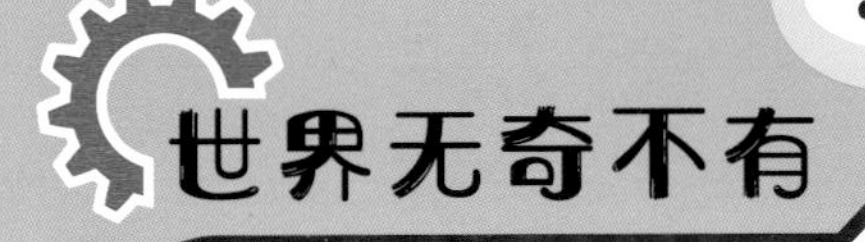

世界无奇不有

问 你知道什么鸟类迁徙的距离最长吗？

答 北极燕鸥。秋天到来后，这种小鸟离开北极地区，向南飞到南极地区，度过几个月的夏天后再飞回北极地区。根据吉尼斯世界纪录，最长的往返距离达到 80467 千米。

北极燕鸥

气候变化

由于全球变暖，世界各地的气候不断变化，天气模式变得难以预测。

全球变暖

全球变暖是全球平均气温升高的现象，人类活动中温室气体排放的增加是其中的一个重要原因。诸如二氧化碳和甲烷等温室气体能够将热量截留在大气层。这些温室气体排放量的增加导致全球平均气温不断攀升。

北极地区的夏季逐渐变暖，北极熊赖以生存和捕猎的冰层开始融化，它们的生活因此受到威胁。

引发大变化

气候变化正影响着世界各地的天气。有些地方越来越热，降雨变得难以预测。例如，西班牙南部的春天比过去来得早。极端天气也越来越普遍。加勒比地区风暴和暴雨频发，东非和澳大利亚等地遭遇干旱的次数不断增多。

这个发电厂燃烧煤，向大气中排放大量的二氧化碳。

应对变化

动植物必须学会应对气候变化对环境产生的影响。气候变暖对有些动物来说是有好处的。例如，人们在更靠北的地方发现了一些蝴蝶，因为那里的冬天不再那么寒冷，蝴蝶才能得以生存。可悲的是，由于气候变化导致食物减少，有些动物如驯鹿和北极狐的数量正在减少。

随着冬天越来越暖和，白钩蛱蝶的活动范围不断向北扩展。

夏天越来越炎热干燥，导致地下的蠕虫数量减少，一些以蠕虫为食的獾觅不到食物只得挨饿。

世界无奇不有

问 人类是怎样利用珊瑚了解过去的气候的？

答 科学家们已经找到了测定珊瑚的年龄和分析其坚硬骨骼的方法。通过对数百岁的珊瑚进行检测，科学家们计算出了海洋过去的温度和海平面的高度，并证明了全球正在变暖的事实。

词汇表

北半球 地球赤道以北的部分。(8，13)

北回归线 北纬23.5°的纬线，也是太阳能够垂直照射的最北纬线。(6)

捕食者 捕食其他生物的动物。(17)

赤道 环绕地球表面，距离地球南北两极相等的假想圆圈。(5，6，8，10，12，13)

大气层 围绕地球的整个空气层。(10，11，28)

地球公转 地球绕太阳的运动。(8，9)

地球自转 地球绕地轴旋转。(9)

地轴 地球自转所围绕的轴，是一条假想轴。(8，9，10)

冬眠 动物对冬季环境中不利生活条件的一种适应。有些动物在冬季可能会停止活动或陷入昏睡状态。(27)

反气旋 中心气压高于四周气压，导致气流从地区中心向四周流出的大气涡旋。(17)

光合作用 绿色植物利用光能将二氧化碳和水合成有机物，同时释放出氧气的过程。(16)

轨道 天体（如地球）在宇宙间运行的路线。(8)

胡萝卜素 植物中的一种橙黄色的色素。(19)

极地 南北两极极圈以内的地区。(6，7，10，11)

极圈 南、北纬66.5°的纬线圈，南半球的称南极圈，北半球的称北极圈。(7)

季风气候 由于风的季节性变化而形成的一种气候类型。(24)

季节 一年里气候有明显差异的几个时间段。(4，6，7，8，12，15，20，24)

甲烷 无色无味的气体。是天然气、沼气等的主要组成部分。是一种常见的温室气体。(28)

雷暴 伴有雷声、闪电和强阵雨的天气现象。(17)

南半球 地球赤道以南的部分。(8)

南回归线 南纬23.5°的纬线，也是太阳能够垂直照射的最南纬线。(6)

暖流 水温高于沿途海水的海流。(11)

气候 某一个地区多年的天气特征。(4，5，6，7，10，11，24，28，29)

迁徙 动物根据不同季节而变更栖居地区的一种习性。(23，27)

热带 位于赤道两侧，即南回归线和北回归线之间的地带。(6，7，10，22，24)

霜 夜间地面气温降到0℃以下时，空气中的水汽在地面或地面物体上形成的冰晶。(20)

天气 描述短时间内气温、降水和风等要素的情况。(4，5，6，14，15，17，18，20，21，26，27，28)

纬度 赤道距南北两极的度数。赤道的纬度为0°，从赤道到南北两极各分90°，赤道以北称为北纬，以南称为南纬。(6，12)

温带 南北半球各自的回归线与极圈之间的地带。(6，7，10，12，14，16，18，21)

叶绿素 植物体中的主要光合色素，参与光合作用。(16，19)

正午太阳高度角 正午时太阳光线与地平面的交角，是一天之中太阳高度角的最大值。(10，11，12，14，16，18，20)